给孩子的博物科学漫画书

破解冰洞的秘密

甜橙娱乐 著

中国纺织出版社有限公司

图书在版编目（CIP）数据

寻灵大冒险．2，破解冰洞的秘密／甜橙娱乐著．--北京：中国纺织出版社有限公司，2020.9

（给孩子的博物科学漫画书）

ISBN 978-7-5180-7637-6

Ⅰ.①寻… Ⅱ.①甜… Ⅲ.①热带雨林－少儿读物 Ⅳ.① P941.1-49

中国版本图书馆CIP数据核字（2020）第127255号

责任编辑：李凤琴　　责任校对：寇晨晨　　责任印制：储志伟

中国纺织出版社有限公司出版发行
地址：北京市朝阳区百子湾东里A407号楼　邮政编码：100124
销售电话：010—67004422　传真：010—87155801
http://www.c-textilep.com
官方微博http://weibo.com/2119887771
北京利丰雅高长城印刷有限公司　各地新华书店经销
2020年9月第1版第1次印刷
开本：710×1000　1/16　印张：10.5
字数：120千字　定价：39.80元

凡购本书，如有缺页、倒页、脱页，由本社图书营销中心调换

绿色印刷　保护环境　爱护健康

亲爱的读者朋友：

本书已入选“北京市绿色印刷工程——优秀出版物绿色印刷示范项目”。它采用绿色印刷标准印制，在封底印有“绿色印刷产品”标志。

按照国家环境标准（HJ2503-2011）《环境标志产品技术要求印刷 第一部分：平版印刷》，本书选用环保型纸张、油墨、胶水等原辅材料，生产过程注重节能减排，印刷产品符合人体健康要求。

选择绿色印刷图书，畅享环保健康阅读！

北京市绿色印刷工程

推荐序

开启神奇的冒险之旅吧

在我的童年时代，《小朋友百科文库》是我所读科普类书籍的主要组成部分。十多年前，我就一直想把来自世界各地的雨林动物以动画的形式展现出来，后因种种事情的牵绊未能付诸实施。这次重新筹划，我不但感到欣慰，回忆昔日，心中充满了温馨。

这是一部充满雨林冒险与团队励志的长篇故事，让所有的小观众们不仅能领略雨林中的大千世界，还能体会剧中主角们勇往直前、坚韧不拔的毅力。更倡导全世界未来的小主人公们，一起关爱自然，维护我们共同赖以生存的家园并与自然界中的生物和谐共处。

从 2012 年开发《寻灵大冒险》3D 动画，到今天已经累计在全球 100 多个国家发行。相关漫画图书在世界范围内售出 400 多万册，成为许多国家家长和学校高度推荐的畅销书。

希望所有的小读者们能与父母一起亲子共读此书，家长饱含深情地给孩子朗读和演绎故事，按照故事情节变换不同的语调和声音，会增加孩子情绪分化的细腻性，有利于孩子情感体验和情绪表达的科学发展。大一点的孩子完全可以自主阅读了，或许你会和故事中的主角们一样的勇敢啊！

下面让我们和剧中的马诺、丁凯等主角们一起，开启这趟神奇的冒险之旅吧！

《寻灵大冒险》《无敌极光侠》编剧

2020 年 7 月

人物介绍

马诺 ♂

男，11 岁，做事有点马马虎虎，大大咧咧，暗恋兰欣儿，但对感情比较笨嘴拙舌，是全队的动力，时刻都会保护大家，待人很真诚。

丁凯 ♂

男，11 岁，以冷静见长，因为自己很有能力所以性格很强，虽然不能成为全队的领袖或者智囊，但可以在队伍混乱时，随时保持冷静的观察和谨慎地思考，因为和马诺的性格不同所以演变成了微妙的竞争关系。

兰欣儿 ♀

女，11 岁，看着像一个弱不禁风的小女孩，其实人小能量大，遇事沉稳，但难免有时会比较急躁，虽然总被惹事精的马诺所折磨，但觉得马诺在任何时候都会支持自己所以很踏实。

兰冰 ♂

男，7 岁，兰欣儿的弟弟，年纪比较小，需要全队来保护，但同时又机灵敏捷，像个小大人似的喜欢说成熟的话，是个喜欢昆虫的宅少年。

卓玛 ♀

女，12 岁，当地的土著人，淳朴善良勇敢，一直热心地帮助主角们渡过难关。

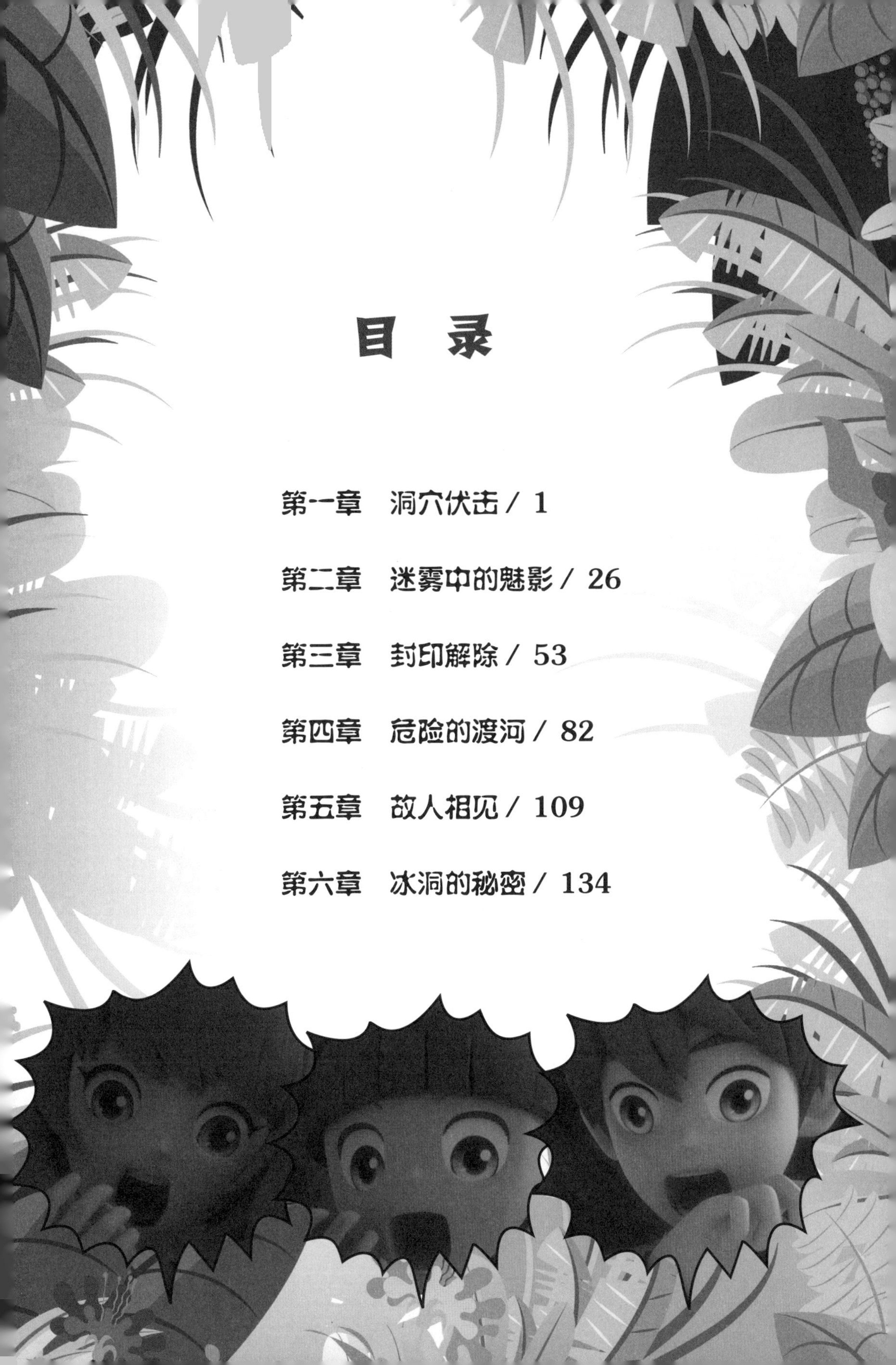

目 录

第一章

洞穴伏击

马诺他们坐在篝火旁，丁凯看着篝火想起了往事。

丁凯与一位男子奔跑着。

凯，
快藏在那树里面！

叔叔！

记住叔叔说的话，
你一定要拿着
箱子去找兰叔，
知道了吗？

那叔叔你呢？
打算怎么做？

快藏起来！

不用担心我，
你一定要保护好箱子！

咣
啊！
别过来！快躲起来！
一定要保护好箱子！
叔叔被抓走。
叔叔！

嗯?
无花果!
谢谢!
姐姐,
卓玛姐姐呢?
她出去打猎了，快回来了吧?
不过马诺，你还在搭帐篷吗?
马上就好了。
哈哈哈

丁凯，你能去帮帮马诺吗？
不，欣儿！
我能做好！再等等！
马诺边说边动手搭帐篷。
唉，
真是不能理解你！
多亏了丁凯，
才找到了这么舒适的
洞穴，你怎么还要
搭帐篷？
还不是因为你嘛！
马诺哥他吃醋了，多明显啊！
姐，你真不知道
哥哥为什么要
这样吗？

说什么呢，兰冰！
我只是想睡在帐篷里而已。
洞穴里有点
阴森森，看起来
不安全。
轰
轰
轰
我怎么觉得这个
帐篷更不安全呢！
啊
哈
哈
哈
什么？
你这臭小子！

行了，马诺，
别做了！我们去洞穴
里面找地方吧！
丁凯，
能帮帮我吗？
好！
兰冰，你睡在
洞穴里要是出了
什么事可别跑出来
找我！
欣儿，你要是
怕的话可以随时
来找我哦！
再说，就算出来
我也不会管你！

马诺气愤地抱着倒塌的帐篷走开。
马诺，
你别这样啊！
你不去洞穴里
怎么跟过来了？
奇奇叼起一颗果子走开了。
哼！你们待会儿，
可别哭着求我要睡帐篷！

这味道欣儿
一定会赞不绝口的！
马诺烤起了地瓜。
马诺拿着地瓜回到洞穴。
他们俩个
什么时候
这么亲了？
那是什么？
你说那刺猬是
从这剑里出来的？
对。
刚才的眼镜王蛇和毒刺蜜蜂
也都是变成烟进入那把剑里面了？
嗯。它们现在已经是
我们的朋友了，以后
会保护我们的！
真是把神奇的剑！
马诺的剑也有这种
能力吗？
哇！

马诺用草丛伪装起来，悄悄走向他们。

好像熟了，
来吃吧！

哇！
看起来
好好吃啊。

卓玛，
这个真好吃！
是吗？
谢谢夸奖！

喇
哈
这个也挺好吃的嘛！
夜深了，马诺再次伪装起来走向洞穴。
大家睡得还好吗？

伙伴们！
你们去哪儿了？
奇奇，
你们都去哪儿了？
lucky
lucky
什么，大家被蜘蛛抓走了？
大伙儿在哪儿？
欣儿，兰冰，
你们在哪啊？

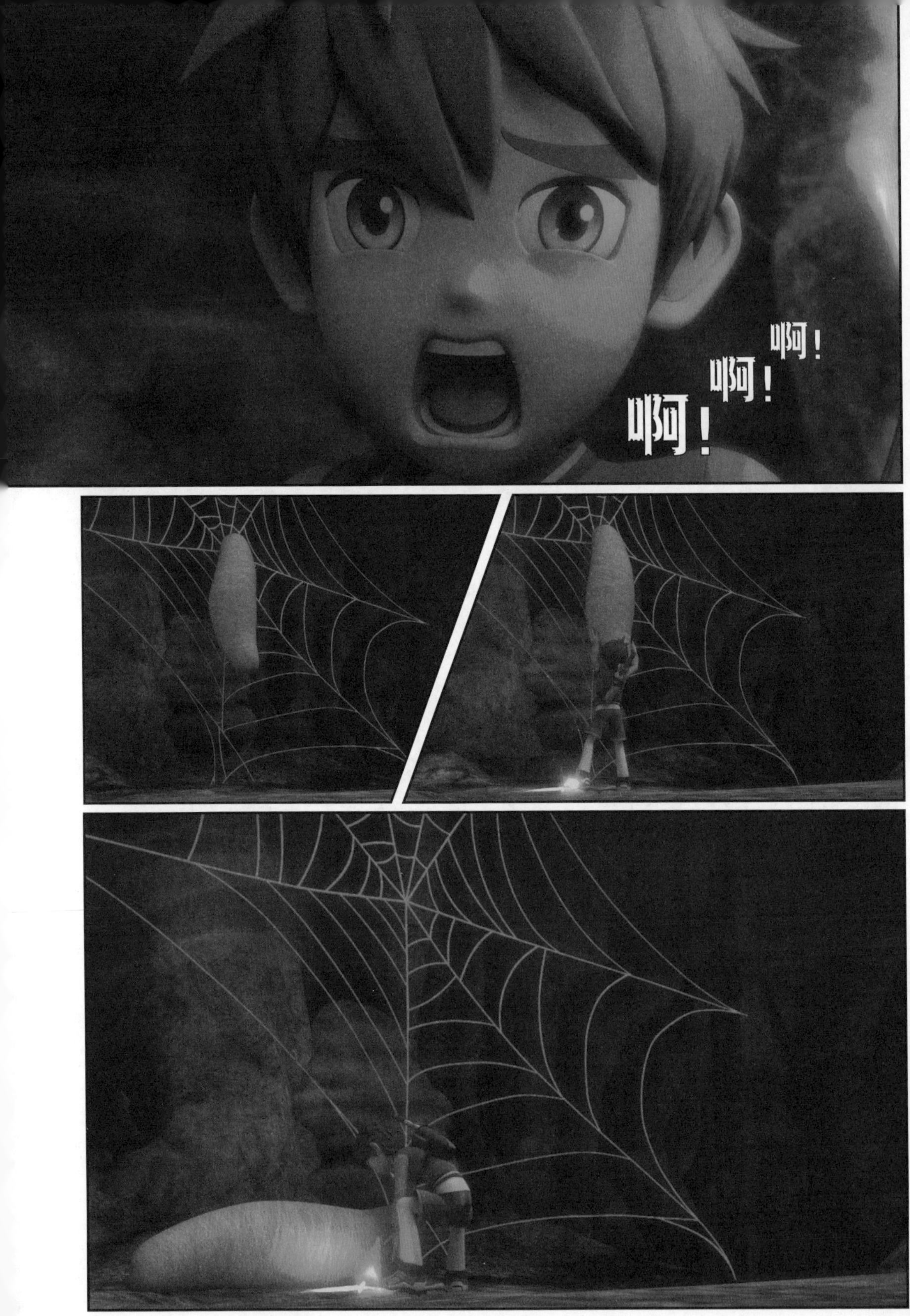

啊！
啊！
啊！

丁凯，你没事吧?
没事儿!
小心后面！
蜘蛛！
干什么呢?
快使用剑的力量!

什么？剑的力量？
嗞
嗞
嗞
蜘蛛后退。
原来你怕火啊！
咔嚓
不要啊！
走开！
走开！
火把被打到墙壁上。

噗
火把被蜘蛛丝扑灭。
嗨，你好啊！
呵 呵 呵
扑通
丁凯！
大家就交给你了！
这边！
你这恶心的家伙！

马诺！
听剑的声音！
马诺跑，蜘蛛追。
这家伙！
噗

怎么办?
用正义之光
召唤七彩虎
甲虫吧!
什么?
七彩虎甲虫?
嚓
扑通
被蛛网倒挂在树上。
啊!
走开!

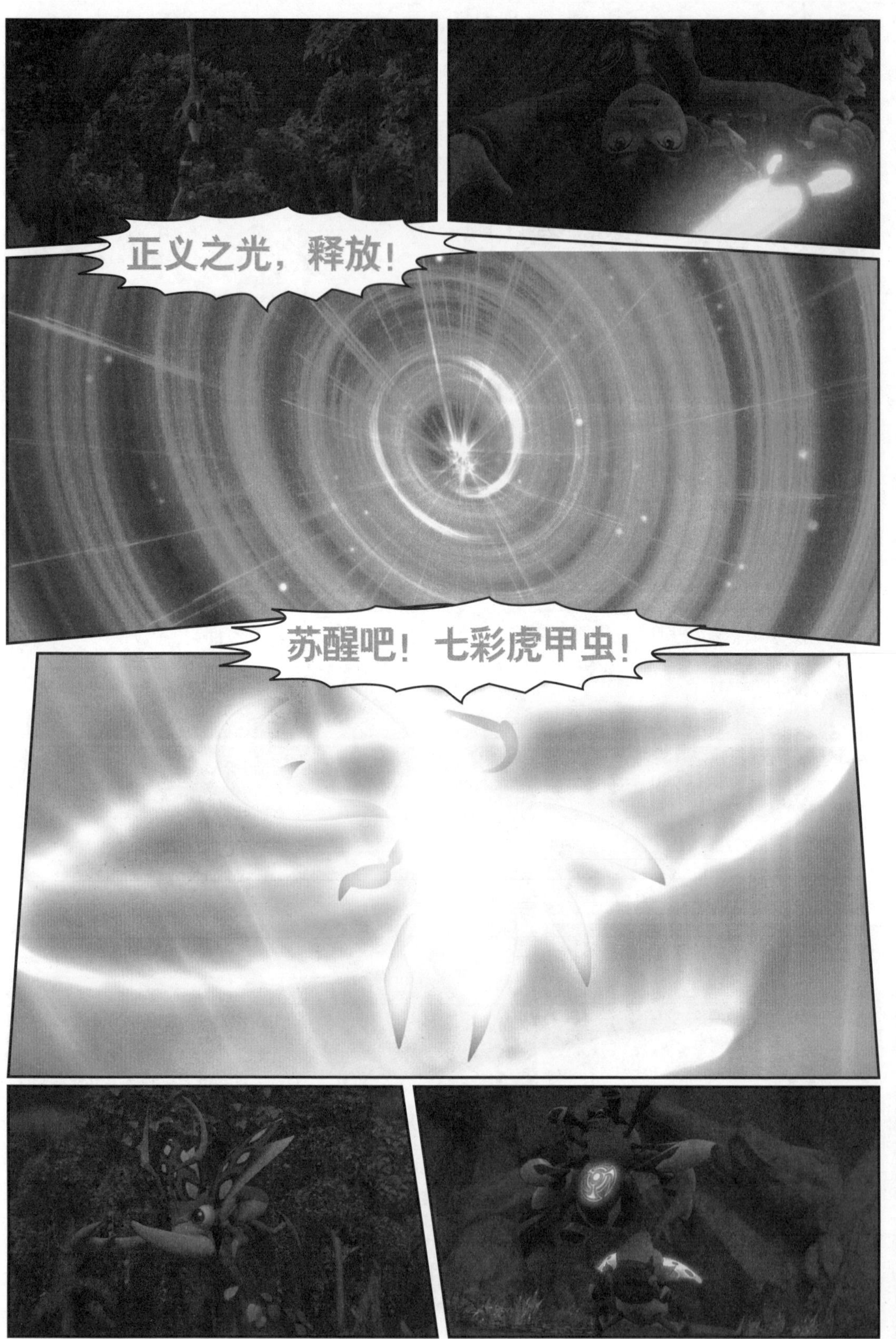
正义之光，释放！
苏醒吧！七彩虎甲虫！

就是那个，
丁凯做过的！
正义之光，回收！
蜘蛛被马诺收回到剑中。
谢谢，
七彩虎甲虫。

马诺，
你没事吧？
嗯，没事。
所以说你干嘛
要自己在
外面待着？
要是出什么事
该怎么办啊？
就是，要不是凯哥，
我们说不定都变成蜘蛛的晚饭了！
你说什么呢？丁凯，
不是我救了你们吗？
你不是
倒在了洞穴
前面了吗？
对，是马诺救了
我们所有人。

丁凯，你不用
替马诺说谎话的。
对呀，凯哥，
不是你把我们从蜘蛛网
里救出来的吗？
不过，
是我用这把剑
打败的虎甲蜘蛛！
被蜘蛛毒到，
看错了吧？
不是。
没关系马诺，我有时候
也会以为假的是真的。

不，不是啊！
还没睡醒吗？
什么？
你这臭小子！
丁凯！
哈！
哈！
哈！
怎么就不相信我呢？

知识加油站

虎甲蜘蛛

全球狼蛛有 1500 多种，亚洲南部地区生存的狼蛛，甲壳上有着老虎模样的花纹，所以被称为虎甲蜘蛛。身长 15 ~ 25cm，是蜘蛛中的大型种，具有代表性的有马来西亚虎甲蜘蛛、黄金虎甲蜘蛛等，它们大多在游荡和打猎，少数结网。它们在地面、山脊、沟渠、农田和植物上活动、休息时，藏在石头下面或地缝里以及一些洞穴里。它们通常白天觅食，晚上在温暖的地区觅食，是农田害虫的重要天敌。

狼蛛因眼睛退化了很多，所以靠感知地面与空气的震动来判断猎物的位置与大小等。虎甲蜘蛛通过震动探出来猎物之后，快速地扑过去用毒牙咬住将对方制服，一般是抓捕比自己小的昆虫吃，但也会抓一些小蜥蜴或比自己大一点的老鼠。

第二章

迷雾中的魅影

在布满迷雾的丛林中行走。

路太险了，
真不好走。
而且雾也
越来越大了。

啊！
啊！
啊！
是蛇！
咝
咝

丁凯向蛇砍去。
等等！
这蛇也不是变异体，
没必要攻击它吧。

咝
咝
咝

就算没有变异
也是会有危险的。
就算是这样，
不过一有事就用剑的
毛病也该改改了。
我……们……
走挺远了吧?
呼 呼
我们没走错吧?
不要以为有雾就
可以乱领路!
要不你带路?
什么?
别在意，丁凯。不过雾
这么浓，还是慢点走吧!
万一走丢了呢?

倒也是，
这是河边，
所以雾比较多，
而且附近还有
可能有沼泽。
所以才想快点
离开这里，总感觉
这儿有点怪怪的！
沼泽？
沼泽？
对了，
过河吧。
过河？
往北边走的话，
应该会有条河。
可是那里
没有桥吧？

不，应该有桥！
而且如果兰欣儿爸爸
真被抓走了，那过河抄
近路走不是更好吗？
但是如果没有桥的话，
我们还得回来，那样的话
会更浪费时间的。
而且那儿总有巨型
蜥蜴出没。
巨型？什么？
那你们选吧！
我确定那有桥！
但是这天气，
安全点走应该
会更好吧？
那随便吧。
真可惜，河边还有
好多山竹树呢！

山……山……竹!

就那蜥蜴，根本就不是我的对手!

快走吧，奇奇！

山竹也叫作热带果实女王，剥开红色的外皮就会看到白色的果肉。
果汁丰富，甜甜的味道，
还很独特，用一句话概括就是特别好吃！
而且皮也很有营养，是不是，欣儿！
果然对吃的东西懂得真多。
马诺哥，你这一生是不是只是为了吃的活着。
谁让我是水果控呢？

爬
不过凯哥和卓玛姐姐怎么还不来?
不会迷路了吧?走，去找找看吧!
哈
哈
哈
太棒了!
哥哥马上就回来找你们。
啊!
嗷

正义之光，释放！
剑没有任何反应。
这是怎么回事?
追
嗖
嗷
嗷

那把剑对变异体
才有用。
什么？
怎么现在才说？
你有问过吗？
逃跑
去哪儿了？
丛林里传来欣儿和兰冰的声音。
欣儿，
你在哪儿？
啊！
啊！
喂！
欣儿，你在哪儿？
寻找

我来了！

扑通

丁凯，是你吗？

到底怎么回事?
野猪好像有两只，刚才我明明用箭射了它的腿，但是刚才那只的腿没受伤。
大家都在哪儿啊?
我在树上绑了根绳子，大家快抓着绳子移动!
嚓
姐姐，我抓住绳子了!

我也抓到了，快抓着绳子走吧！
大家都找到绳子了吗？
嗯，我找到了！
丁凯，你那找到了吗？
唉，这到底是干什么呢？嗯，我也找到了！
噜噜噜
那你就是野猪了！
中了！

幸亏大家都没事。
要不是雾的话，那野猪根本就不够打的呢！
咿呀！咿呀！
开什么玩笑！被猪撞倒的惨叫声，我们可都听到了。
那……那是因为有雾，哥才大意了。
刚才有两只野猪，差点就出大事了。

大家小心！
嗷
嗷
嗷
这是再生蜥蜴！
啊！
啊！
啊！
嗷

果然是变异体！
大家快往后退，顺着路一直走应该就会有桥了。
可你怎么办？
我甩开它试试，一旦过了河的话，它就追不过来了。
原本就没相信有桥，来，一起打败它吧！
砰
砰
砰
咚

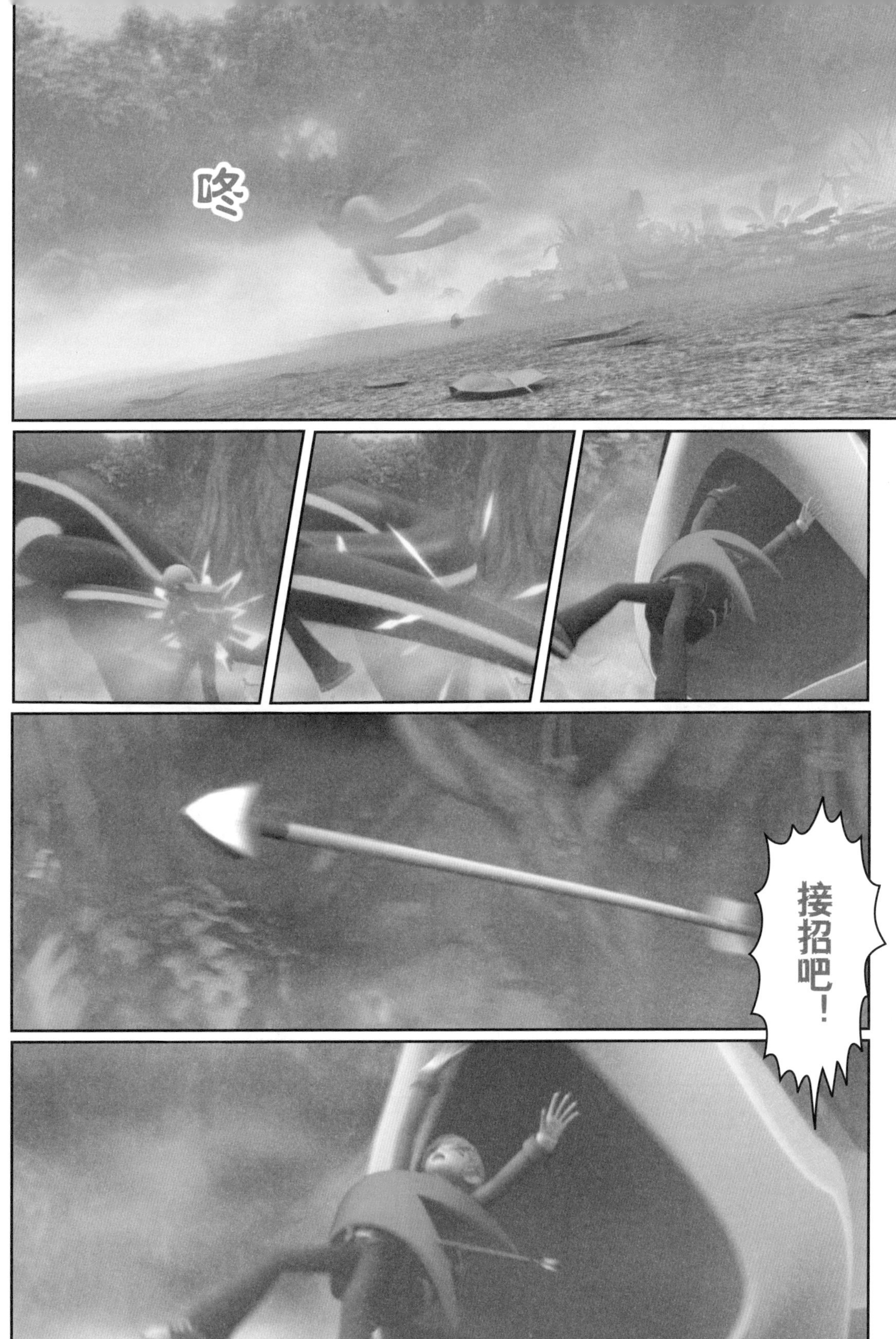
咚
接招吧！

砰

啊!

到底怎么回事?

怎么办?
没有桥啊!

来，一起战斗吧！
苏醒吧！虎甲蜘蛛！
啊！
咻
咻
咻

不好！
受伤
不是说有剑
就能解决问题的。
苏醒吧！毒刺蜜蜂！
就是现在，
那家伙很慢，
去攻击它！

嗷

砰 砰 砰

干得好！

虎甲蜘蛛，
来，进攻！
噗
嗷
就是那儿，
攻击那家伙的
尾巴！
嗖
黏住
趁现在，
毒刺蜜蜂！

嗡
嗡
嗡
摇晃
嗷
丁凯，小心！
拔出
啊！
正义之光，回收！
吱吱吱

嗷
你们俩都
还好吧?
夜幕降临。
对不起,
让大家都陷入了
危险之中。
没关系,
不是也没怎么样吗?
明明有桥
来着。
什么?

虽然今天是找不到了，但这儿肯定有桥。
嗯，如果你这么确信的话，可能你说的是对的，
但是再怎么确信，在丛林中都有可能会有变数。
嗯，我知道，雷叔也常这么说。
救命！
马诺今天还挺安静的嘛，要是平时肯定会和你吵上一架的。
可能是今天太累了吧！
酸酸甜甜的山竹，哥哥去带你回来。

知识加油站

再生蜥蜴

再生蜥蜴的原型是巨蜥。巨蜥是有鳞目巨蜥科的动物，具有多样性，最著名的是分布于印度尼西亚的科莫多巨蜥，身长可超过 3m，重达 165kg。最小者如短尾巨蜥为小型沙漠种，全长约 2.3m。寿命一般可达 150 年左右。

巨蜥四肢强壮，趾上有锐爪；背面也有小黄斑，故称“五爪金龙”。巨蜥头小，吻较长，头部无对称排列的大鳞。通身背面覆以圆形或卵圆形鳞片，每一鳞片有细粒状鳞围绕。腹面鳞片四边形，横排成行。舌平滑，细长而分叉，与蛇类一样可缩入舌基部的鞘内。瞳孔圆形，眼睑发达。它们有着长脖子与又细又尖的嘴，肌肉发达，力气偏大，拖着一条长长扁扁的尾巴。

巨蜥分布于非洲、亚洲南部包括印度尼西亚及菲律宾、澳大利亚等地，以陆地生活为主，在河岸、沼泽、距水近的平地等挖洞生活，昼夜均外出活动。它们能在水中捕食鱼类，也可爬到树上捕食鸟类、昆虫及鸟卵等。

巨蜥性好斗，较凶猛，遇到危险时，通常将身体向后，面对敌人用尖锐的牙和爪进行攻击，一段时间后慢慢地靠近对方，出其不意地甩出尾巴向对方抽打。它们遇到敌方时还会爬到矮树上抓树或鼓起脖子发出声音恐吓对方，也能爬到水中躲避，能在水面上停留很长时间。

因巨蜥有很高的经济价值，导致人们对其随意捕捉，使原本数量较少的巨蜥已到灭绝边缘。

第三章

封印解除

大家都去哪了？
欣儿！
兰冰！
哈！
哈！
山竹
这个真大呀！
味道应该不错吧？
这水果怎么
这么硬？
啪

啊呀！
呀！
咣
你在戏弄我是吧？
噢！
咔咔

马诺！
什么？
剑突然裂开了。
啊！
没啊！不过你不是说去找木头吗？
刚才你在喊我吗？

怎么还在这睡上了?
啊!这……
这个嘛!
太好了!幸好
只是个梦。
其实马诺哥做梦时,也在
帮我们捡木头。
喂!你小子说
什么呢?
做了个噩梦,剑断了,
还被你们甩掉了。

你要是继续这样的话，
我们真会甩掉你的。
赶紧去找木头吧！
哈哈！现在就去！
嗷
咣
大金刚！

怎么回事？
今天怎么这么吵？
从这里过河确实
会更快些。
这里明明有桥的。
还在想啊？用竹排的话，
应该一会儿就能过河了。
马诺去哪了？
肯定是在哪儿睡觉了，
要么就是在哪偷吃什么呢。
说不定都忘了要找
木头，空手就回来了。

欣儿声音好大啊！
真重啊！
闻
跑
lucky
lucky
奇奇，等等！
摔倒

树丛晃动

那是什么?

难道是灵兽?

这是什么，
怎么这么大？
躲避
难道我还在
做梦？
不是梦啊！
啊！

你要庆幸今天我放你一马！
突然想起……还要快点
给大家送木头去呢。
噔噔噔
啊呀！奇奇！
拜托！别过去呀！
不好！
奇奇有危险！

嗨！大猩猩！
啊！
为了世界和平，你还是
按原来的路直接回去比较好。
嗷
不行是吧？
那就没办法了！

正义之光，释放！
苏醒吧！七彩虎甲虫！
咚
不，糟了！

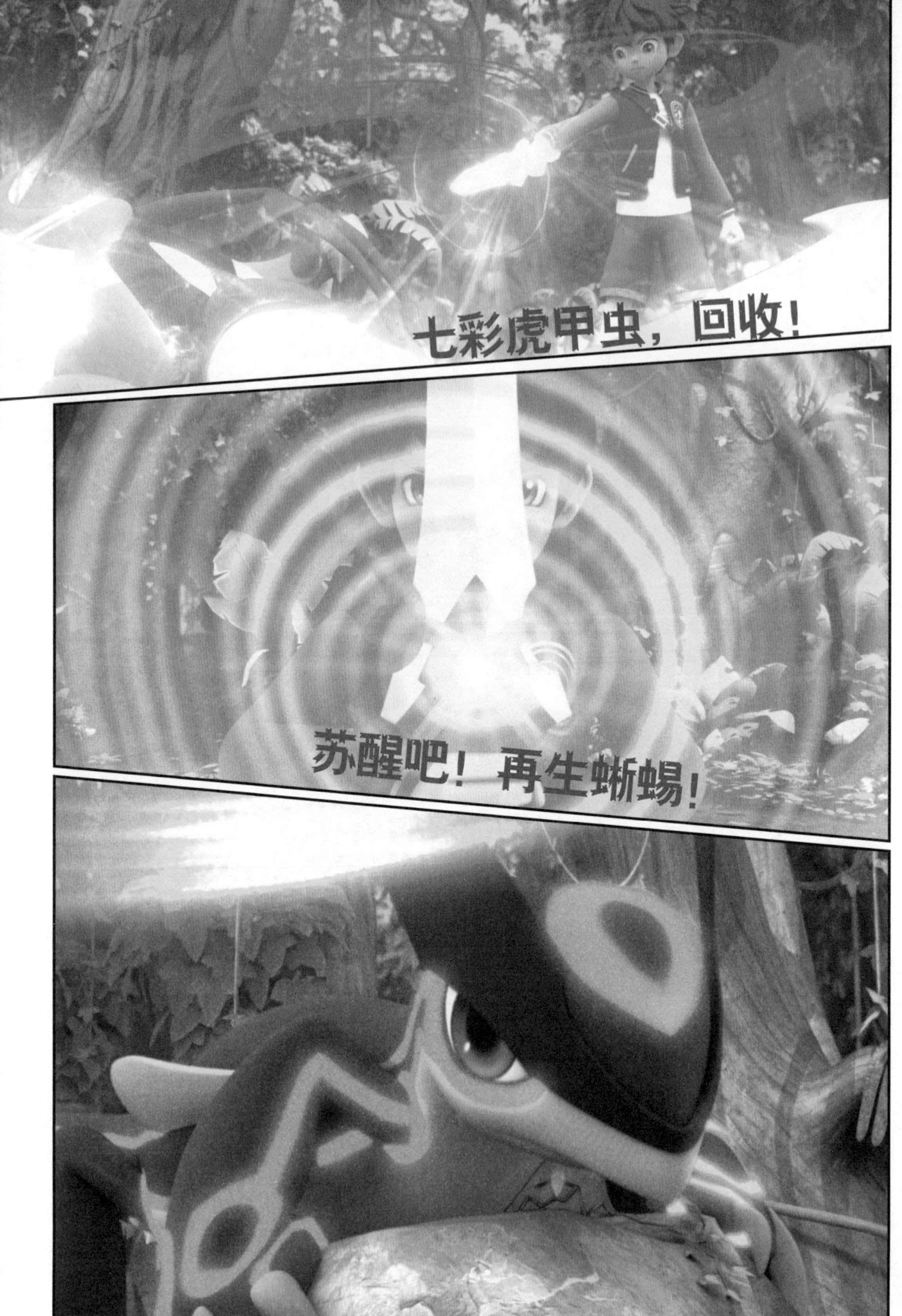
七彩虎甲虫，回收！
苏醒吧！再生蜥蜴！

嗷
爬树
等等，再生蜥蜴!
你要去哪儿呢?
嗷
摇晃
飞

再生蜥蜴危险！
小心哪！
抓
咚
断
再生蜥蜴，回收！

啊！
现在该怎么办？
扔
啊呀！
呀！
跑

好啊！来试试吧！你以为
我是吃素的吗？
嗷
后退
滚下山坡。
哎呀！

剑居然裂开了，
怎么会和梦境里的一样？
现在该怎么办？
丁凯又不在。

不！
啊！
啊！

那是什么？

不知道，不过好像是什么醒了。

马诺到底去哪儿了？

难道与马诺哥有关？

去看看！

跑

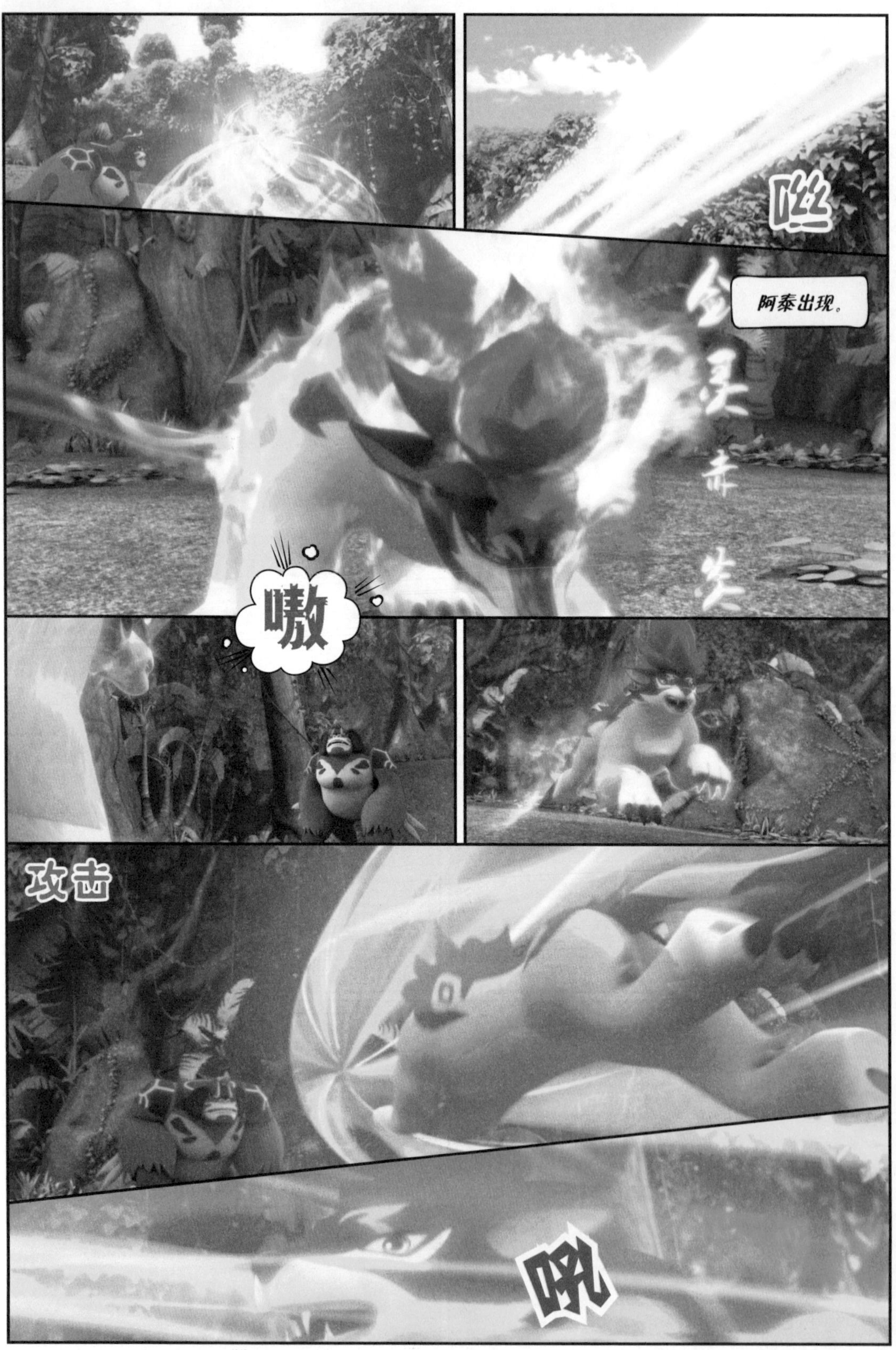

嗞
阿泰出现。
合灵赤炎
噭
攻击
吼

噗
哇！
好厉害哦！
咚
马诺！
你怎……怎么知道
我的名字？
守护寻灵剑，
这把剑很重要！
什么？这把剑吗？

什么？到底怎么回事？
怎么消失了？

终于见到你们了！

到底发生了什么事?
奇奇，你没事吧?
刚刚看到一个闪光的云豹，突然又消失不见了。
你说闪光的云豹?
突然就消失了?
对啊！好像是我的宝剑变的。
疑惑地看向马诺。

我说的是真的！
找到木头了吗?
对啊！我的木头呢?
难道木头也是宝剑变的吗?
我们做竹排都累坏了。
我就知道是这样。

不，不是那样的，奇奇，
你来替我作证啊。
lucky
lucky
我跳进黄河也
洗不清了，
你们怎么就
不相信我呢？！

知识加油站

大金刚

大金刚的原型是婆罗洲猩猩。婆罗洲猩猩属灵长目猩猩，用马来西亚语来说是“森林里的人”的意思。在灵长类动物中，它们的体型仅次于大猩猩，站立时双臂下垂可达脚踝部；臂和手粗壮有力，腿短，且不如臂粗壮；体毛稀疏，暗红褐色，前额突出，嘴突出。其典型特征是腿短，胳膊长，胳膊几乎与脚能碰到。

白天活动，吃无花果、红毛丹、幼鸟、甲壳类、鲜菜等。栖息于热带雨林，在距地面 8 ~ 12m 的树杈上用树枝架窝，上面覆以树叶，夜晚睡在树上。平时性情温顺，发怒时很可怕。雨天使用大树叶遮盖身体。分布于印尼加里曼丹岛和马来西亚沙捞越。

在过去 40 年，有数以万计婆罗洲猩猩被捕杀，又或是因为人们焚地耕种，导致它们失去栖息地而饿死。野生婆罗洲猩猩的数目，由 1970 年代近 30 万只，到如今只剩下 1/3。国际自然保护联盟在 2016 年宣布把印尼婆罗洲猩猩列入“极度濒危”物种，预计在 2025 年，野生婆罗洲猩猩只剩下 4.7 万只，在未来 50 年更有可能完全在婆罗洲消失。拯救这种动物刻不容缓。

第四章

危险的渡河

和马诺哥做的竹排相比真是天壤之别呀！

不过马诺丢下竹排又去哪儿了？

可不是，之前还说要用自己做的竹排过河。

很明显啊！坐这个竹排就得游到对岸了。

比起这个，可能是昨天
发生了什么事情？
最近总说剑里住
着什么东西？
马诺哥最近看起来
确实有点不正常。
不会是得什么
病了吧？
会不会是头撞到
什么了？
好了！今天还有很
多事儿要做呢。
大家抓点紧吧！
真是的，
到底干什么去了？

呼
呼
老兄，我就叫你阿泰怎么样?

树上的大鼻子猴们看着这一幕。
咯吱 咯吱
你在听吗？别害羞嘛！
你们赶紧走开，没看见我在和剑灵聊天吗？
这附近没人，你可以出来了！
给我安静！
真是的！能听见我说话吗？拜托回个话啊！

一个一个过河，再留个人拉着绳子就行！
我先过去之后，再一个个拉你们吧！
好，那我排在最后吧！等等马诺！
马诺他到底跑哪去了？
小心点！
应该不会有什么事的，我先过去了啊！

还是先填
饱肚子再说。
等等我去给
你摘过来!
摘完这个就去找
大家会合啊!
真高！喊得我都有点没力气了。
爬

噔 噔
啊！
跳下
怎么回事，
阿泰？
什么都没看到啊，
怎么发光了？阿泰，
难道你要来帮我吗？
如果是这样的话……
那我就不客气了！

正义之光，释放！
苏醒吧！
再生蜥蜴！
藏
再生蜥蜴，
帮忙摘下那个椰子。

正义之光，回收！

哇哦，
这太方便了吧！

卓玛！

要不今天就
在这附近露营吧！
怎么样？

河水声音太大，
应该听不清吧！

马诺去哪了？
他到底想干什
么啊？

姐姐，等得肚子都
饿了，不如我们找些
东西吃吧！

嗯，也好！

马诺到底
去哪儿了？

哇哦！这个
真带劲儿！

苏醒吧！
七彩虎甲虫！

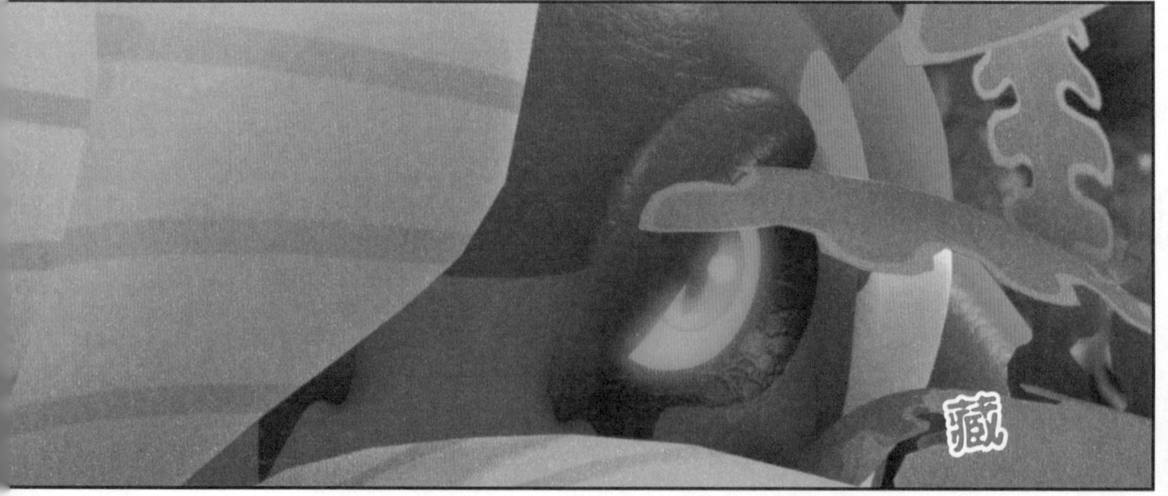

七彩虎甲虫，把这些果实都给运到河边一下！
搬运
马诺！你到底在干什么？
我就让它去帮忙搬了下果实呀！
看看右边草丛！

七彩虎甲虫，
快跑！
快把七彩虎甲虫收回来，
召唤别的灵兽！
知道了！
正义之光，回收！
正义之光，释放！

再生蜥蜴!
我需要再生
蜥蜴啊!
那不是只剩
虎甲蜘蛛了吗?
这把剑召唤过一次的灵兽,
短期就不能再召唤了。
苏醒吧!
虎甲蜘蛛!

啊哈！
虎甲蜘蛛的实力在潮湿的河边是很难发挥出来的！
知道了！
虎甲蜘蛛，去扰乱对方！

晕
干得漂亮！
咔嚓
甩

咣
不好！
怎么办？阿泰
快出来帮帮我！
不行！我不是灵兽而
是剑灵！如果我从剑
里出来的话，一切都
会变得很危险的！
但是上次不是
出来救我了吗？
上次那是为了守护
神剑，是没有办法
才出来的。
那现在该
怎么办？
快让虎甲蜘蛛甩开
这家伙，然后过河。
对岸就不是吞海
鳄的领地了，所以
不会追过来的！

知道了！

虎甲蜘蛛，快去甩掉它，
然后赶紧过河！

追

跑

快回去吧！
你知道我等你多久了吗？你到底去哪儿了？
谁？
没时间了！那家伙会很快回来！
说来话长，我们还是先过河吧！

那是吞海鳄，
我们到对面就
安全了。
扑腾
一起来吧！
马上就要到了！

啊！
翻
这声音是？
卓玛，还有马诺！
有灵兽！
帮帮忙啊！阿泰！
不是我们，而是你！
马诺，我是剑的守护者，
只是要守护剑而已！
现在我们该
怎么办？
嗖
弹

它的皮太厚了！
咔嚓
好吧！让我亲自来对付它吧！
啊！
看见了吧卓玛？

啊！

马诺，没事吧？
你是？
阿泰？
我不会再从剑里出来了，马诺，以后你要靠自己的力量守护神剑了。
知道了，以后再也不胡闹了。
什么？
什么？
顺便说一下，你应该知道这样一直漂下去就是瀑布吧？
在那儿呢！

出大事了！他们还在往下漂流呢！
怎么办？
苏醒吧！毒刺蜜蜂！快去救马诺和卓玛！
危险！他们要掉下去了！
马诺！卓玛！
卓玛！

知识加油站

吞海鳄

吞海鳄的原型是鳄鱼。鳄鱼属于爬行纲鳄目，出现于约两亿年前（与恐龙同时代），是迄今发现活着的最早和最原始的动物之一，因为在漫长的时间中几乎没有进化，所以有活化石之称。鳄鱼是一种生态价值、科学价值和经济价值极高的野生动物，世界上一些国家一直在积极发展鳄鱼养殖业。鳄鱼可以分为两种：一种是普通鳄鱼（鳄科），另一种是短吻鳄。

鳄鱼（鳄科）是生存在亚洲、大洋洲、非洲、美洲等地区的热带爬行动物，喜欢在淡水中如河、湖和沼泽地中聚集，有时也会生活在半海水中。常见鳄鱼的嘴巴很窄，呈 V 字模样，闭上嘴巴时下巴的第四颗牙会露在外面；身体呈流线型，脚上有蹼，可以迅速转动和突然行动。鳄鱼是一种脾气非常暴躁的捕食者，当它遇到哺乳类等动物时会直接捕捉吃掉，常常会攻击人类。

短吻鳄分为两种，一种是生活在美国东南部的密河鳄，另一种是生活在中国的扬子鳄，主要栖息在淡水、沼泽、池塘、湖泊、河流、溪流和湿地里。与普通鳄鱼相比，短吻鳄的嘴巴呈较宽的 U 字形，闭上嘴的时候第四颗牙不会露出来，性格也比较温顺。

鳄鱼在吃掉其他动物的时候会流下泪水，但这不是因为悲伤，而是在排泄体内多余的盐分。现在，人们多以“鳄鱼的眼泪”来比喻虚伪的泪水。

第五章

故人相见

马诺在一处洞穴中醒来。
全身都疼，
都快散架了。
哦？
这是哪儿？
奇奇，你还好吧？
卓玛呢？
卓玛！你还好吧？
快醒醒啊！
怎么办？
奇奇，我们要救
卓玛！
噗
噗
噗
我没事！
啪
你想干什么！

呃……那个……
看你好像不能呼
吸了，所以……
所以你想说要做人工
呼吸救我是吧？
不过，
我没什么事！不用麻烦你啦！
这好像是洞穴，我们怎么
到这来了？
如果不是的话，
难道是阿泰救……
是不是从那儿
掉下来的？
怎么办？坏了！
剑不见了！
我的弓箭也不见了，
快找到武器早点出去吧！
大家应该都挺担心的！
嗯，特别是欣儿，
肯定很担心。

这也是悬崖啊！
不过这高度
应该可以下去。
看起来挺结实的，
我们抓这个下去
试试吧！
不行！
悬崖上苔藓
太多了，有可能
滑下去的。
不过要赶快找到
他们呀！
那就没办法了，
小心点吧！
姐姐，小心！

啊！
滑
我没事！
萤火虫
哇，
不错嘛！
卓玛，
我们走慢点呗！

先找找出口。
小心！
地有点滑。
啊！
啊！
啊！
好疼！
不过这是
什么怪味！
是“呱喏”
的味道。
“呱喏”？
那是什么？
蝙蝠屎。
蝙蝠屎？
对，你现在坐着的
都是蝙蝠屎。
什么？

可是怎么连
一只蝙蝠都看不到?
嘘!
怎么了?
看那儿!
那是什么?
好像是个人。

嗖
小心！
这不是我的弓箭吗？
说不定还有我的剑！
看这射箭水准应该不是部族战士！
我们还是先把他引到这来拿回武器吧！
啊啊啊……
砰砰
扔

飞行员叔叔?
马诺，
你是马诺?
幸好你们没事
马诺，我还挺
担心你们
的呢！不过，
兰欣儿和兰冰呢?
大家都没事，
我们从瀑布掉
下来后就走散了。
她们应该也
挺担心我们的，
还是得快点出去。
叔叔，您知道怎么
从这出去吗?
虽然知道，
不过是出不去的。
有一个怪物
占领了这个洞穴
的入口。
那是什么意思?
所以蝙蝠都
消失了吧?

怎么了，
奇奇？
吱
吱
吱
可能是听到了动静。
叔叔！
弓箭还是
我来用吧！
这原来就是卓玛的，
卓玛是很厉害的战士，
尽管相信她就好了。
不过，您看到
一把剑了吗？大概
这么长，形状
有点特别。

剑倒是没看到，不过没准在那个怪物的老巢里，我的包裹也被那家伙拿走了。
往那儿就是它的老巢，要过去得先经过那个小通道。
嗖
嗖
嗖
吱
吱
吱
趁现在，快跑吧！
再快点！

撞
啊！
砰
砰
哗
啊啊啊啊啊！
啊！

这又是哪儿啊?
这就是那怪物的巢穴，出口就在这附近。
马诺，你看!
那有光!
快看那儿!
哪里?
对不起，阿泰!
你就这么对我吗?
嗷
砰
砰
砰

不，
快放开叔叔！

砰
现在就交给我吧！
正义之光，释放！

苏醒吧！吞海鳄！
交给你了，吞海鳄！
让它尝尝你的厉害吧！
对峙
干嘛呢？哇哈！
难道想先引诱之后
再一招秒杀吗？
不对，有点奇怪啊！
咚

快躲开，危险！
到底怎么回事?
一出来就睡着了！
吞海鳄没有光就会睡觉，
快换其他灵兽吧！
既然这样。
苏醒吧！
虎甲蜘蛛！

虎甲蜘蛛，
快去攻击它！
成功了！
触角还可以
自由伸缩。
好！虎甲蜘蛛，
快去绑住那家伙的触角！
噗

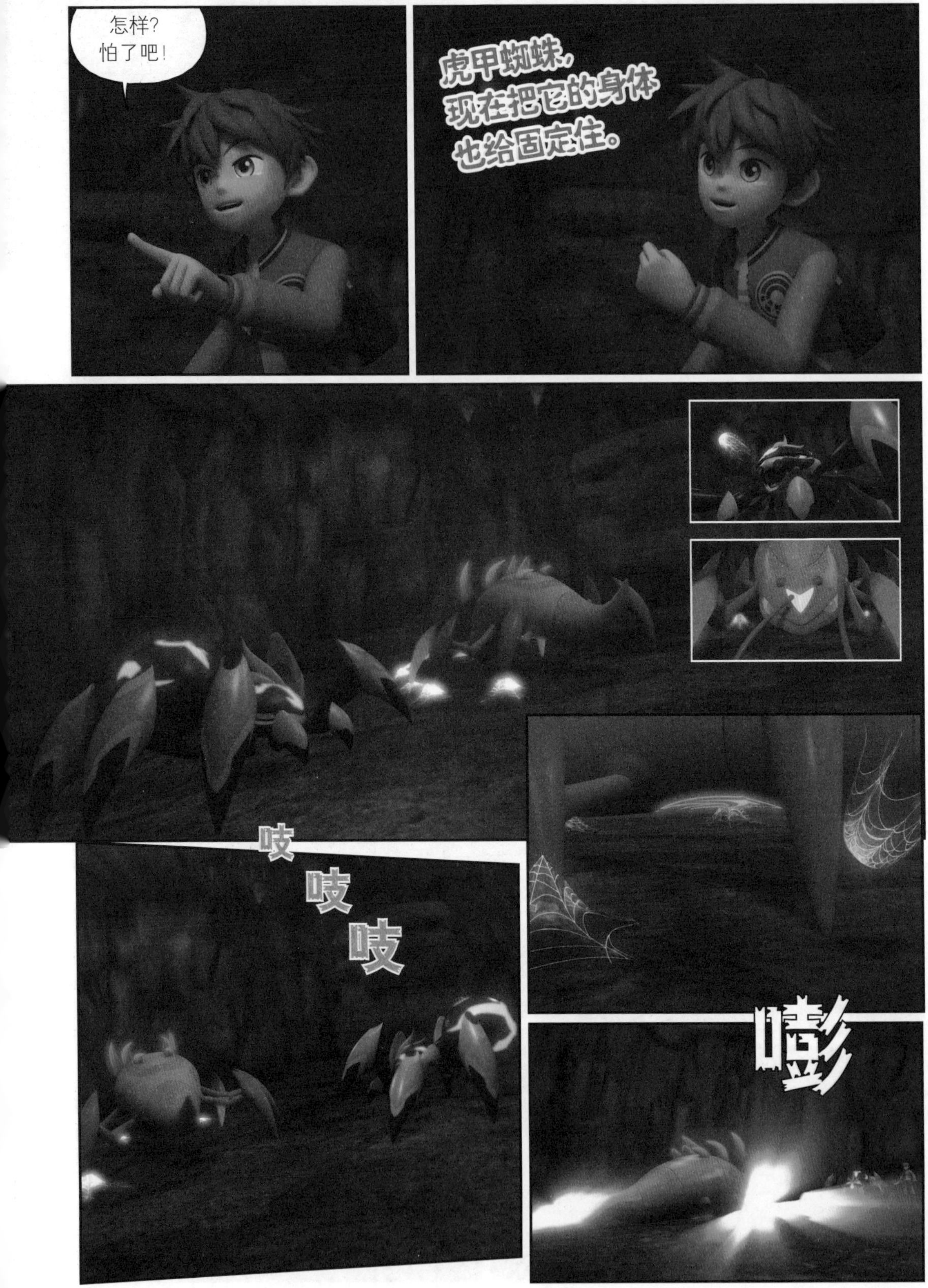

怎样？
怕了吧！

虎甲蜘蛛，
现在把它的身体
也给固定住。

吱
吱
吱
嘭

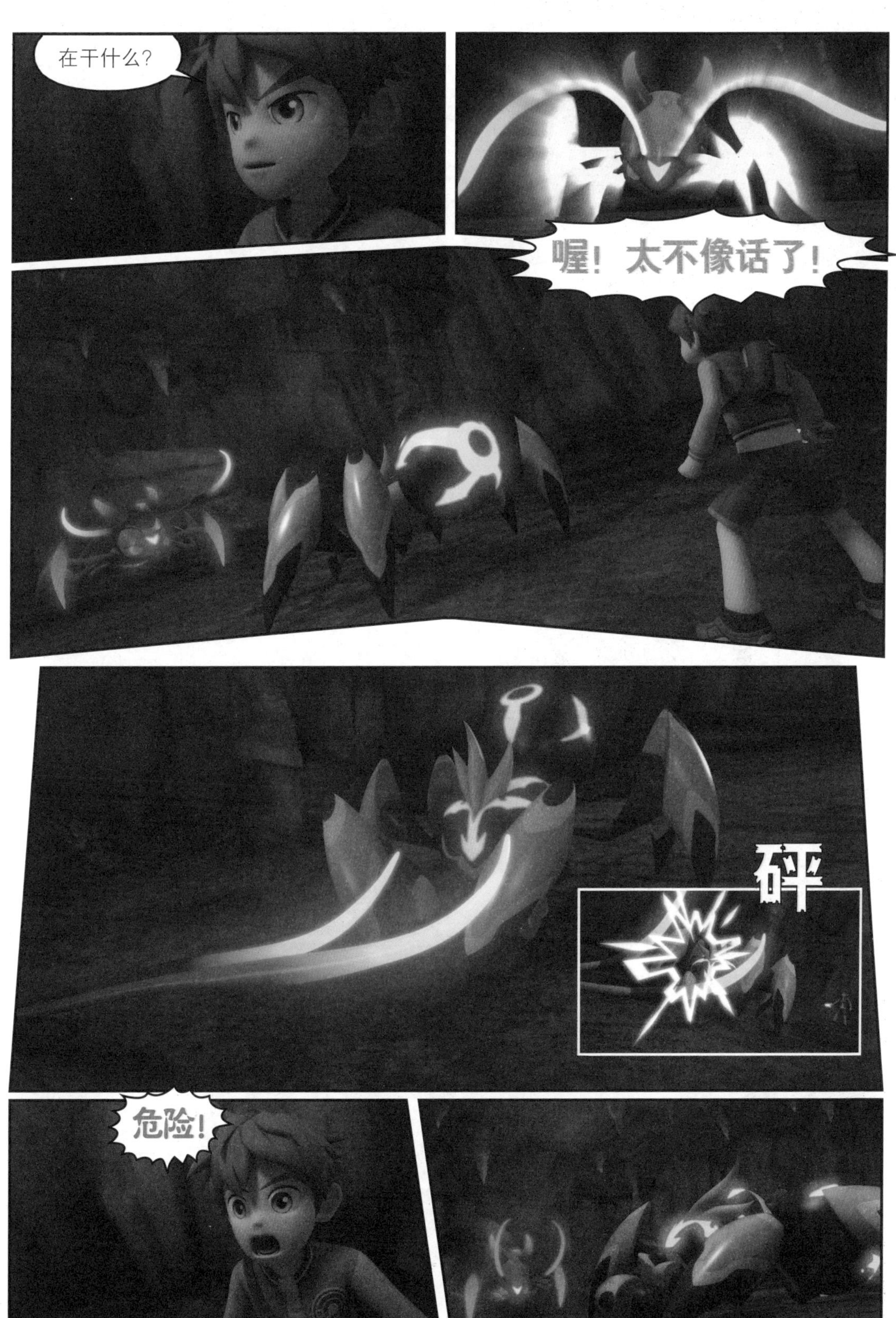
在干什么？
喔！太不像话了！
砰
危险！

不行！要换其他灵兽了！
苏醒吧！再生蜥蜴！
砰

马诺！
五八怪，在那儿干嘛呢！
我也发现了！
这家伙怕光！那就给
它照照光吧！
抓不到我吧？
磨磨蹭蹭什么呢？
来抓我呀！
就是现在，把墙打破！
砰

成功啦！
嘭
马诺！
啊
啊
啊

太沉了，
要挺不住了。
马诺，赶紧把剑
朝着暗夜蜈蚣！
知道了！
这家伙的能量
已经没了，赶紧
收了它！
正义之光，回收！
抓住了，
兰冰。
啊！
凯哥！

兰冰，
想想马诺，
再加把劲！
更没力气了。
真的不跟
我们一起走吗？
我身体也不方便，
倒是会给你们添麻烦，
而且修好了飞机才能
带你们回去啊！
到时候您一定
要来救我们啊！
叔叔！
那叔叔您多
注意身体！
嗯，一定会的！

知识加油站

暗夜蜈蚣

暗夜蜈蚣的原型是蚰蜒。蚰蜒多为黄褐色或灰白色，体长 1.5 ~ 5cm，分 15 节，每节有一对较为细长的步足，最后一对足特别长。寿命大约为 3 ~ 7 年。蚰蜒的步足会随着每一次蜕皮而不断增加，刚孵化的幼虫有 4 对步足，第一次蜕皮时获得一对新步足，其后每次蜕皮都会获得两对，直至最终拥有 15 对长且脆弱的节肢足。当蚰蜒的步足被抓住的时候，这部分步足就会从身体上断落下来，帮助自己逃跑，而断落下来的步足也会在下一次蜕皮的时候重新长出。

蚰蜒拥有吓人的长相和将食物嚼碎的嘴巴，但它却并不会咬人，以蚊子、苍蝇、蟑螂等为食，用毒牙将毒液注入昆虫的体内将它们杀死。蚰蜒常栖居房屋内外阴暗潮湿处，多在夏秋季节活动，白天休息，晚上觅食，行动非常迅速。它们喜欢温暖的地方，热带、亚热带很多，寒冷地方较少。当气温下降时，它们往往会进入到住宅内部，爬行于墙壁、蚊帐、家具、床下。

蚰蜒在我国北方不少地区叫“草鞋底”，而蜈蚣在这些地区则叫蚰蜒。蚰蜒、马陆和蜈蚣这三类动物容易混淆。马陆身体黝黑光亮，身体前 3 节无足，其余各节成对愈合，因此每节有 2 对足。蜈蚣身体又扁又长，身体有 15 对足以上，只有 4 对单眼，视力很差。蜈蚣的毒性比较强，蚰蜒的毒性比较弱，被咬到一般就是皮肤发生条索状红斑、水疱，或人为抓破水疱造成感染。

第六章

冰洞的秘密

继续在丛林中行走。
这儿是下坡，
都注意点，别滑倒了。
兰冰，
看着点脚下。
快救救我！
啊！
是陷阱！
别着急，
我这就救你下来！
砰

没事吧兰冰?
嗯，没事，就是屁股有点疼。
这肯定是哪个部族的陷阱。
不过在这种地方，他们到底想抓什么?
是有点……
姐姐，这儿好像比别的地方凉快啊!
这附近好像洞穴比较多，凉风可能是从那里来的。
那马诺哥和卓玛姐姐会不会也在洞穴里?

也有可能，不过
洞穴里太复杂了。
如果误闯进去
迷路了就危险了！
这是什么
味道？
嗅
这是咖啡的
味道吗？不过
好像还不是。
既然有食物的味道，
那这周围肯定有人！
会是马诺吗？
也说不定，
不过，这味道我也
是第一次闻到。
走，快去
找找吧！

像是做陷阱那个人！
不会是捕猎者吧？
看那儿，那不是卓玛
的弓箭吗？
他把卓玛姐姐
怎么了？
冷静点！
一会儿，一起
从后面把他打晕。

嘘！

砰
砰
砰

哎！一定要再打
一次马诺打过的地方吗？

对不起，
叔叔！
嗯
嗯
嗯
喝一口吧！
心情会好一点的！

呕
呕
呕
这味道太奇怪了，
别喝了，你们！
姐姐，
我突然心情
更不好了。
噗
别喝了，
这应该不是一般的茶。
嗯，我们
一起从洞穴里
逃出来的。
叔叔，
那马诺和卓玛
现在没什么事吧？

说要和你们会合，往瀑布上面走了。
完全岔开了。
是啊，前面有个洞穴，你们要想追上他们的话，要从洞穴抄近路啊！
果然有洞穴。
叔叔怎么没和他们一起走啊？
因为要修直升机，而且我的腿受伤了，也不能走那么快。
回直升机的路也应该不太好走，是吧？

嗯，别担心，
倒是你们要多注意
安全，
我会尽快修好直升机
去找你们的。
哇！
那到时候我们就
可以回家了吗？
嗯，
当然了！
在这之前还要
先找到爸爸呢。
要抓紧了，
不然追不上
他们了。
叔叔，您一定
要小心啊！
一定要
平安啊！
不管怎么说，
知道马诺和卓玛
没出事真是太好了！
果然马诺哥比
想象的要命硬啊！
哼！

我这速度是不是
够快的了？
今晚之前
你能上来吗？
要不是这太滑，
我早就上去了！
呵呵，知道了，
赶紧上来吧！
啊
滑

马诺！
你看，
我说什么来着，
这儿更滑吧？
不过这个洞穴
怎么这么冷！
小心点！
地太滑了！
丛林居然都
可以这么冷！

大家看这儿！
这不是冰吗？
虽然是山洞，可是丛林中居然有冰。
我也是第一次见到这种洞穴。
太奇怪了！这个山洞阴森森的，
我们还是快走吧！
在这睡觉的话都得变成雪人了。
啊！
啊！
砰

你们
还好吧？
哦，
我的屁股啊！
不好意思，
还疼吗？
没事！
屁股抗摔。
啊，兰冰，小心！
啊！

这是什么？
看看这，
这是溶蚀孔。
溶蚀孔
石灰岩化成水流
出去的通道吗？
对，掉进溶蚀孔里
的话，会一直往下坠落，
再也爬不出来。
真不喜欢
这个洞穴。
赶快离开
这里吧！
嗯，快走吧！
小心脚下！

姐姐快来，
看看这个。
干什么呢？
还不来！
这是什么？
这是什么？
啊，这是……
这不是
蛇皮吗？
啊！
啊！

啊!
后退
所以不是让
你小心点了吗?
快拉我上来!
呜
呜
呜
这是什么声?
好像是
猫哭声。
你是说猫?
这不是
猫的声音!

啊！
快躲开！
咔
砰
兰欣儿，小心！
快跑！

嗞
嗞
嗞
啊！
不！
我的屁股要
炸开了。
幸好有冰，
没掉太深。

不！
危险！
生命之光，释放！
毒刺蜜蜂
苏醒吧！
毒刺蜜蜂！
毒刺蜜蜂，
用毒针麻痹它！

噗
噗
噗
躲避
寒气
危险。

不好，这样的话身体会裂掉的！
回收！
兰冰，要赶快
从这儿出去，
冰马上就要裂开了。
姐姐，我的
身体好像被冻住了，
根本动不了了。
苏醒吧！荆棘刺猬！
振作点！
你还没被冻住呢。
荆棘刺猬！
去打败它！

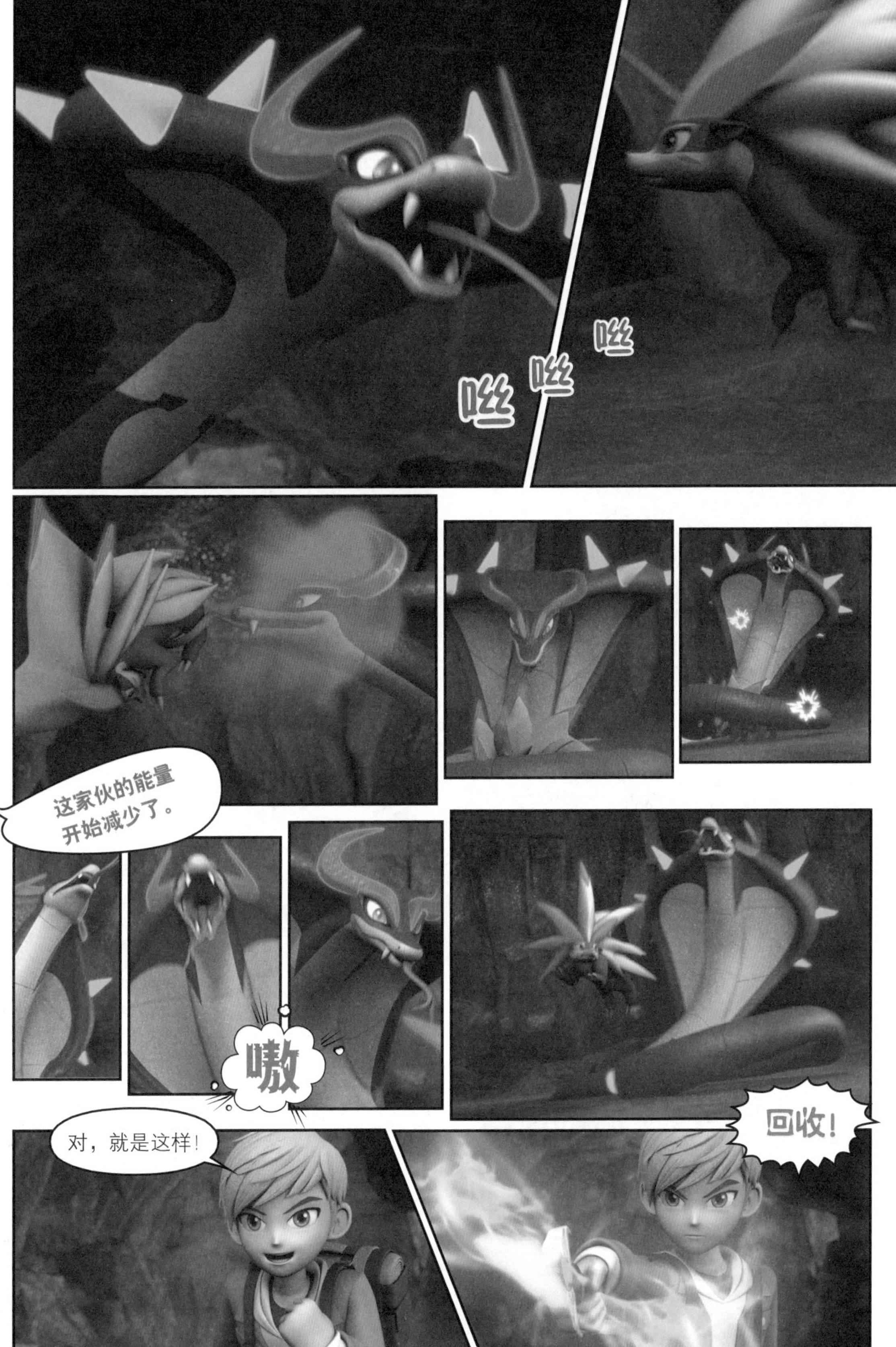

咝
咝
咝
这家伙的能量
开始减少了。
嗷
对，就是这样！
回收！

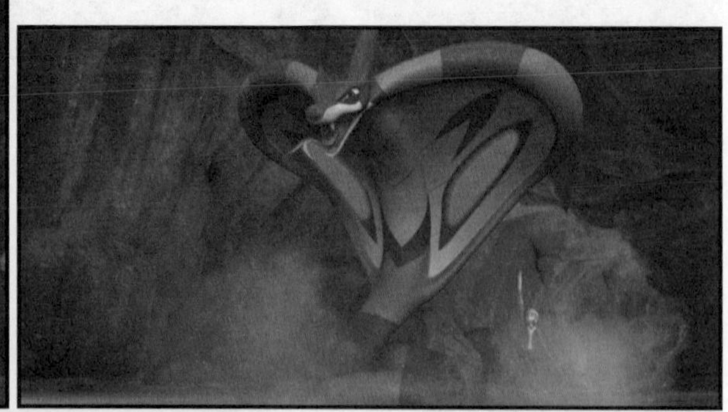

眼镜蛇王，
同样用身体干掉它吧！
好！

嗷

生命之光，回收！

兰冰，再不逃走
我们就快掉下去了！
兰欣儿，
快抓这个上来！
但是，我的身体
已经被冻住了。
胳膊还没冻住！
不是说身体
都已经冻住了吗？
明天就能见
到欣儿了吧！

知识加油站

寒冰蛇王

寒冰蛇王的原型是黑眉锦蛇。黑眉锦蛇又叫美女鼠蛇、家蛇，属爬行纲有鳞目游蛇科，是大型无毒蛇。黑眉锦蛇体态与其他蛇相似，头和体背黄绿色或棕灰色，最明显的特征是眼后有两条明显的黑色斑纹延伸至颈部，状如黑眉。背部的前、中段有黑色梯形或蝶状斑纹，略似秤星，故又名秤星蛇。腹部灰白色，体长约 1.7m 以上，个别个体可以突破 2.5m。黑眉锦蛇每年 5 月左右交配，6 ~ 7 月产卵，每次产卵 6 ~ 12 枚，孵化约 35 ~ 50 天后幼蛇出壳。

黑眉锦蛇非常喜欢吃鼠类，常因追逐老鼠出现在农户的居室内、屋檐及屋顶上，有“家蛇”之称，也被人们誉为“捕鼠大王”。它捕住猎物咬伤后便不再松口，并用身体缠绕和挤压，直至猎物窒息死亡后才松口，然后找到猎物的头部进行吞食，只需 3~5 分钟就吞下。黑眉锦蛇摄食多以游荡方式觅食，经常在小动物出没的地方游动，捕食率特别高。

黑眉锦蛇虽是无毒蛇，但性情较为粗暴，当受到惊扰时，即能竖起头颈，离地 20 ~ 30cm，身体呈“S”状，作随时攻击之势，且被它咬住之后会有强烈的痛感，并有被细菌感染的风险。黑眉锦蛇善攀爬，适应力极强，广泛分布在中国、泰国、马来半岛、日本等地区。黑眉锦蛇具有较高的药用价值和经济价值，常被人类捕杀，数量不断锐减。